Problemas matemáticos
de hermanos

Sumas con llevadas

Título: PROBLEMAS MATEMÁTICOS DE HERMANOS. MÉTODO ABN. SUMAS CON LLEVADAS

Autores/as:
MANUEL JESÚS CRESPO GARCÍA, NATALIA MITURICH, ANTONIO WANCEULEN MORENO, JOSÉ FRANCISCO WANCEULEN MORENO

Editorial: WANCEULEN EDITORIAL
Sello Editorial: WANCEULEN EDUCACIÓN

ISBN (Papel): 978-84-10017-92-4
ISBN (Ebook): 978-84-10017-93-1

Impresión bajo demanda.

WANCEULEN S.L.
www.wanceuleneditorial.com y www.wanceulen.com
info@wanceuleneditorial.com

1 Manuel está en el nivel 145 de Fortnite y en la anterior temporada llegó al nivel 165. ¿Cuántos niveles ha conseguido en las dos temporadas juntas?

Datos:

Solución:

2 Julia tenía un video con 230 visitas en su canal de YouTube y esta mañana al levantarse ha visto que tiene 983 visitas mas. ¿Cuántas visitas ha recibido en total?

Datos:

Solución:

3 Julia tenía 148 seguidores en TikTok y este mes tiene 179 seguidores nuevos. ¿Cuánto seguidores tiene ahora?

Datos:

Solución:

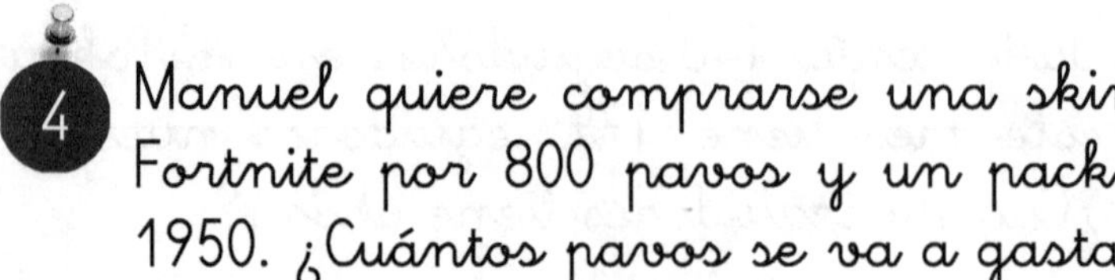

4 Manuel quiere comprarse una skin de Fortnite por 800 pavos y un pack por 1950. ¿Cuántos pavos se va a gastar de su cuenta de Fortnite?

Datos:

Solución:

5 Julia ayer no encendió su teléfono. Lo ha encendido hoy y ha visto que tiene 15 mensajes sin leer y 18 llamadas perdidas. ¿Cuántas notificaciones tiene?

Datos:

Solución:

6 Manuel se ha leído 86 páginas de su libro de "Los Compas" y le faltan por leer 115 páginas. ¿Cuántas páginas tiene el libro?

Datos:

Solución:

7 Julia ha marcado 4 goles en el partido y sus compañeras 18 goles. ¿Cuántos goles ha marcado su equipo en el partido?

Datos:

Solución:

8 Manuel ha conseguido 48 nuevos cromos para pegar en su álbum de LaLiga. Antes ya tenía pegados 54. ¿Cuántos cromos tendrá pegados en el álbum cuando pegue los que consiguió?

Datos:

Solución:

9 Manuel tiene en su cuenta de Fortnite 1700 pavos y acaba de ingresar 2400 pavos. ¿Cuántos pavos tiene ahora?

Datos:

Solución:

10 Julia ha introducido en su teléfono los contactos de sus 23 compañeros de clase. ¿Cuántos contactos tendrá en su agenda si antes tenía 49?

Datos:

Solución:

11 Manuel y Julia han ido a comprar chucherías. Manuel se ha gastado 255 céntimos y Julia 369 céntimos. ¿Cuánto se han gastado en el quiosco?

Datos:

Solución:

12 Julia está preparando un postre con su tía Manoli, ha añadido a la receta 245 gramos de harina y después 260 gramos. ¿Cuántos gramos de harina le ha puesto a la receta?

Datos:

Solución:

13 Julia quiere comprarse un pintauñas que vale 150 céntimos, y una paleta de colores que vale 950 céntimos. ¿Cuántos céntimos necesita para hacer su compra?

Datos:

Solución:

14 Julia tenía en su cuenta 780 Robux y ha ingresado en su cuenta 1200 Robux ¿Cuántos Robux tiene ahora en su cuenta de Roblox?

Datos:

Solución:

15 Julia y Manuel estaban viendo una película en Netflix. Manuel se ha dormido cuando llevaban 43 minutos viendo la película y se ha perdido 128 minutos de la película. ¿Cuántos minutos dura la película?

Datos:

Solución:

16 Julia subió un video a TikTok y se ha hecho viral. El día que lo subió tenía 1.833 visitas y al día siguiente sumó 15.987 visitas más. ¿Cuántas visitas tuvo en total?

Datos:

Solución:

17 Julia ha jugado esta temporada 988 minutos en su equipo de balonmano y la temporada pasada jugó 734 minutos. ¿Cuántos minutos ha jugado en las dos temporadas?

Datos:

Solución:

18 Manuel quiere comprar un nuevo baile por 200 pavos, un pack por 2400 pavos y una Skin por 800 pavos. ¿Cuántos pavos va a gastar de su cuenta?

Datos:

Solución:

19 Julia quiere comprarse en Shein dos camisetas y va a utilizar 325 puntos de su cuenta para comprar una y 586 puntos para comprar otra. ¿Cuántos puntos va a usar de su cuenta?

Datos:

Solución:

20 En la clase de Manuel están juntando tapones de plástico para una obra benéfica. Manuel ha llevado 87, Jorge 25 y Alejandro 57. ¿Cuántos tapones han llevado entre los tres?

Datos:

Solución:

21 Julia quiere ir a Nueva York y un viaje a Nueva York cuesta 1499€. ¿Cuánto dinero necesita para pagar el viaje de su padre y el suyo?

Datos:

Solución:

22 Manuel ha ido a comprar chucherías. Ha gastado 286 céntimos en gomitas y 225 céntimos en paquetes. ¿Cuánto dinero se ha gastado Manuel en chucherías?

Datos:

Solución:

23 Manuel ha roto sus zapatillas de balonmano otra vez. Si las zapatillas valen 27€. ¿Cuánto ha gastado esta temporada en zapatillas si ya ha comprado dos pares?

Datos:

Solución:

24 Manuel quiere ver una película en Netflix que dura 125 minutos y Julia otra que dura 139 minutos. ¿Cuántos minutos estarán viendo Netflix si ven las dos películas?

Datos:

Solución:

25 Julia ha gastado en chucherías 455 céntimos y en una mascarilla facial 250 céntimos. ¿Cuánto habrá gastado Julia?

Datos:

Solución:

www.ingramcontent.com/pod-product-compliance
Lightning Source LLC
LaVergne TN
LVHW010513160826
845677LV00012B/2836

* 9 7 8 8 4 1 0 0 1 7 9 2 4 *